知っておきたい！
地球のしくみ

東京書籍

Original title : STUFF YOU SHOULD KNOW ABOUT PLANET EARTH
First Published in 2018 by QED Publishing,
an imprint of The Quarto Group
The Old Brewery, 6 Blundell Street,
London N7 9BH, United Kingdom.

Copyright © 2018 Quarto Publishing plc

All rights reserved.

Printed in China

Japanese translation rights arranged with The Quarto Group, London
through Tuttle-Mori Agency, Inc., Tokyo

Author: John Farndon
Illustrator: Tim Hutchinson
Editorial Director: Laura Knowles
Art Director: Susi Martin
Creative Director: Malena Stojic
Publisher: Maxime Boucknooghe
Designed and edited by Tall Tree Ltd

翻訳者	神田由布子
日本版編集協力・DTP	株式会社リリーフ・システムズ
日本版校閲	岡崎 務
日本版編集統括	山本浩史（東京書籍）
日本版装幀・ブックデザイン	山田和寛（nipponia）

知っておきたい！ 地球のしくみ
2019年8月10日　第1刷発行

文	ジョン・ファーンドン
絵	ティム・ハッチンソン
監訳者	久田健一郎
発行者	千石雅仁
発行所	東京書籍株式会社
	〒114-8524 東京都北区堀船2-17-1
電話	03-5390-7531（営業）
	03-5390-7508（編集）

Japanese Text Copyright © Kenichiro Hisada and Tokyo Shoseki Co., Ltd.
All Rights Reserved. Printed in China

ISBN978-4-487-81251-6 C0640

乱丁・落丁の際はお取り替えさせていただきます。
本書の内容を無断で転載することはかたくお断りいたします。

知っておきたい！
地球のしくみ

ジョン・ファーンドン［文］　　ティム・ハッチンソン［絵］

久田健一郎［監訳］

もくじ

驚きの世界へようこそ！ 6

地球はどのように動くの？ 8

なぜ昼と夜があるの？ 10

なぜ月の形が変わるの？ 12

地球の中にはなにがある？ 14

大陸はどのように動くの？ 16

地殻はどのように割れるの？ 18

火山が噴火するしくみ＊ 20

なぜ地震が起きるの？ 24

山はどのように盛り上がるの？ 26

陸地はどのように削られるの？ 28

川の流れのはたらきって？ 30

氷河はどのように景色を変えるの？ 32

鍾乳洞はどのようにしてできるの？ 34

岩石はどのようにしてできるの？＊ 36

海の水はどのように循環しているの？ 40

＊印は観音開きのページ

波はどのようにして海岸をつくるの？ 42

大気中にはなにがあるの？ 44

水はどこにゆくの？ 46

暴風雨はどのように起きるの？ 48

なぜ風が吹くの？ 50

ハリケーンはどのようにして生まれるの？* 52

とても暑い場所があるのはなぜ？ 56

季節はどのように移り変わるの？ 58

熱帯多雨林の中はどうなってるの？ 60

植物は日光をどう利用するの？ 62

土の中ではなにが起きている？ 64

動物が落ち着いて暮らせる場所は？ 66

生命はどのようにはじまり進化したの？* 68

動物や植物はどのように共生しているの？ 72

生き物はどのように生まれ、死んでゆくの？ ... 74

なぜ地球は温暖化しているの？ 76

用語集 78

さくいん 80

驚きの世界へようこそ！

地球はとても歳をとっていて、じつは46億歳。この星では、火山が噴火し、川が流れ、嵐がうずまき、森は生き物にみちあふれている。
さあ、これから小さなツアーガイドたちと地球の秘密をさぐる旅に出かけよう！
たずねるのは、地球上の5つの「圏」。それぞれが深くかかわり合う、驚きの世界だ。

地球は硬い

地球の硬い部分、「地圏」の上なら歩き回れるよ。地圏とは地球の岩や石、山や大陸、そしてその内側の熱い部分のこと。鉄32％、酸素30％、ケイ素15％、マグネシウム14％、硫黄3％、ニッケル2％、カルシウム、アルミニウム、その他さまざまな微量元素がミックスされている。

水の世界

「水圏」に飛び込んでみよう！ 地球にはきらめく水の世界がある。大小の川、湖、海、地下水、氷床、氷河。大気中にも雨や雪などの水分が含まれている。ほとんどは地表にあるけれど、地下数kmまでしみ込んだ水や、大気中にのぼった水もある。地球が特別な星なのは水が存在するからだ。

文中で太字になっていることばは、くわしい解説が用語集（P78-79）にあるよ。

氷の国

「雪氷圏」でぶるぶるふるえてみたいと思わないか？このきらきら輝く氷の国は地球の水が凍った場所。氷河、雪、永久凍土、グリーンランドや南極の氷床などだ。水の上に浮かぶ雪氷圏もある。北極や南極の凍った海、極地に多い凍った川や湖がそうだ。

生き物の王国

5つの圏の中でいちばん驚異的でおもしろいのが「生物圏」。動物、植物、微生物など、あらゆる生き物が暮らす世界だ。泳いだり、飛んだり、はい回ったり、走ったりする生き物、じっとしていてもちゃんと生きているものたちが、地球上のいたるところで暮らしている。125万種以上が見つかっているけれど、もっと多いのではないだろうか。生き物がいるとわかっているたったひとつの場所、それが地球だ。

大気のブランケット

「大気圏」にふわりと浮かびあがれるかな？地球は目に見えない大気に包まれている。大気は地表から1万km以上の厚さがある。そこから先は大気がだんだん薄くなり宇宙に入ってゆく。大気の中身は窒素が約78%、酸素が約21%。残りの1%の中には、二酸化炭素（0.039%）、アルゴン（0.93%）のほか、クリプトン、ネオン、ヘリウム、キセノンなどの微量ガスが含まれている。

地球はどのように動くの？

太陽の回転木馬

地球は太陽の光を反射して明るく輝く天体、広大な宇宙空間でぐるぐる回っている。でも、地球はひとりぼっちじゃない。太陽を取り囲む天体家族の一員だ。その家族は太陽系とよばれていて、巨大な回転木馬のように宇宙空間を一緒に回っている。

① 焼けるような熱さ

太陽は巨大。地球がなんと130万個も入る大きさだ！ 太陽は質量（場所によって変化しない物体そのものの量）が大きく、引力がとても強い。だから太陽系の星たちは、むりやりそのまわりを回らされている。

② 巨大な家族

太陽のまわりを回る丸い天体を「惑星」という。地球のほかに7個の惑星が回転木馬を楽しんでいるよ。惑星のまわりを回っているのが衛星という何百個もの天体だ。そのあいだには、岩でできた小惑星が何百万個もあり、そのあいまを氷でできた彗星がビュンビュン飛んでいる。

③ 岩石状のきょうだい

太陽系の中で太陽に近い4つの天体——水星、金星、地球、火星——は大部分が岩石でできている。火星より外側には、小惑星帯とよばれる小さな天体の群れがある。

火星 / 地球 / 金星 / 水星 / 小惑星帯

⑤ はるかかなたの氷の星

海王星のはるか向こう、太陽の光や熱がほとんど届かないところにあるのがカイパー・ベルト。氷のかたまりや準惑星が数え切れないほどあり、寒さにふるえながら何世紀もかけて太陽のまわりを回っている。

⑥ 軌道をめぐる時間

惑星が太陽のまわりを回る期間がその星の1年になる。水星はわずか88日で回ってしまうけど、海王星は165年かけてゆっくり回る。地球は365日とほんの少しでひと回りする。

天体はコマのよう

惑星はみなコマのように自分でくるくる回っている。ほとんどの星が地球のように少し傾きながら回る。でも天王星だけは別。ごろんと横になり、ボーリングのボールのように回るんだ！回転方向はほとんどの星が同じだけど、金星だけが逆回転している。

土星

木星

天王星

海王星

④ ガス状のきょうだい

火星の外側にはさらに4つ、大きな惑星がある。木星（家族の中で最大の星）、土星、天王星、海王星だ。この4つは、ほとんど液体水素とヘリウムでできている。木星と土星にはそれぞれ50個以上の衛星があるよ！地球の衛星はひとつだけだけどね。

太陽のまわりを回るわけ

惑星は、ほんとは「軌道」に乗って太陽のまわりを回りたいわけじゃない。もともと自分で動こうとする勢いがあり、その力で宇宙のはてまで行くことだってできるんだ。でも、そうならないのは太陽の引力に引っぱられているから。惑星は太陽に引っぱられ、太陽系の回転木馬に乗せられて、自分のもつ勢いで宇宙空間を動いてるってわけ。

9

なぜ昼と夜があるの？

地球はじっとしているように見えるけど、
たった今も時速1600kmでビュンビュン回転している！
太陽のほうを向いたり、そっぽを向いたりしながら、
24時間かけて一回転するから昼と夜がおとずれる。

動いているのはだれ？

地球上のぼくたちからすれば、太陽が空を動いているように見えるけど、じつはぐるぐる回っているのは地球のほう。いっぽう太陽は、いつも同じ場所で動かない。

1 金色の夜明け

地球はいつも西から東へと回転する。きみがどこにいようが、地球は毎日そこから東のほうへと回転して太陽に向き合おうとする。するとぼくたちには、太陽が長い影を地面に落としながら水平線や地平線からのぼってくるように見えるんだ。これが一日のはじまりだ。

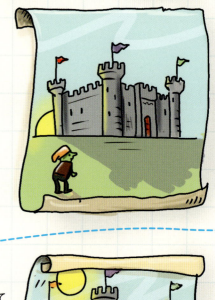

2 午前の光

地球が東に向かって回転しているので、太陽が空をのぼってゆくように見える。やがて水平線や地平線のはるか上にのぼり、明るく輝きながら、ここかしこに日影をつくる。

太陽の高さ

1. **赤道**に近づくにつれ、太陽は空高くのぼるようになり日の光も強くなる。赤道付近が暑いのはそのせいだ。
2. 地球の表面はゆるくカーブしているので、赤道から遠い場所では太陽があまり高くのぼらない。そういう場所は気温が低くて、影が長い。
3. 北極や南極では、太陽は空のとても低い位置にしかのぼらない。冬は地平線上にさえのぼってこない。

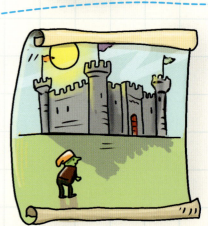

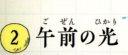

③ まぶしい真昼

真昼、つまり「正午」になるころ、ぼくたちは太陽とまっすぐ向き合っている。太陽は空のいちばん高いところ、天頂とよばれるポイントにきている。太陽がいちばんまぶしくて、影がいちばん短くなるのがこのときだ。夏だと、ここからがすごく暑くなる時間！

④ ごきげんな午後

正午を過ぎると太陽は低くなりはじめる。地球が太陽にそっぽを向きながら回転するので、影がだんだん長くなってゆく。その日でいちばん気温が高いのはたいていこの時間帯。一日かけて空気があたたまっているからね。

⑤ 日暮れ

地球がさらに回転すると太陽は水平線や地平線の下に沈んでゆく。暮れかけている太陽はななめに光を放っているから、その光が通りぬける大気の層が厚く、遠くまで通過できる赤い光が残って、空が赤く見えるんだ。太陽がとても低くなると、影は長くなる。

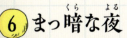

⑥ まっ暗な夜

太陽が水平線や地平線の下に消えると、ついに夜がやってくる。空は黒く、遠くには星が見える。昼間は空が明るかったので見えなかった星たちだ。宇宙から地球を眺めると、街のあかりが輝いて見える。

11

なぜ月の形が変わるの?

1か月間、月をじっと見ていると、形が変わるのがわかる。最初は三日月だったのが、だんだん大きくなり、やがてまんまるになり、また三日月形にもどる。月が形を変えるようすを「月相」というけれど、これはみんな光のトリックなんだ!

1 見えない部分

月は地球のまわりを回りながら自分自身もゆっくりと回転しているので、地球にはいつも同じ面を向けている。きみの目に映っている月はいつも同じ面。反対側はつねにそっぽを向いているから、きみには見ることができないよ。

2 変わりゆく形

月は地球のまわりを回りながら毎晩形を変えてるように見える。でもほんとうは、明るい部分の見えかたが毎晩違っているだけなんだ。

銀色に輝く月

夜空でいちばん大きく明るく輝くのが月。だけど月は自分で光を発しない。岩石でできた、ただの冷たい星なんだ。明るいのは太陽の光を反射しているからだよ。

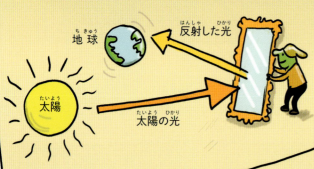

3 満月

月が地球のまわりを回る周期は1か月弱。だから満ち欠けのサイクルは約1か月だ。月が地球をはさんで太陽と反対側にいるとき、地球上のぼくたちには月の明るい部分がすべて見えている。このときがまんまるの月、満月だ。

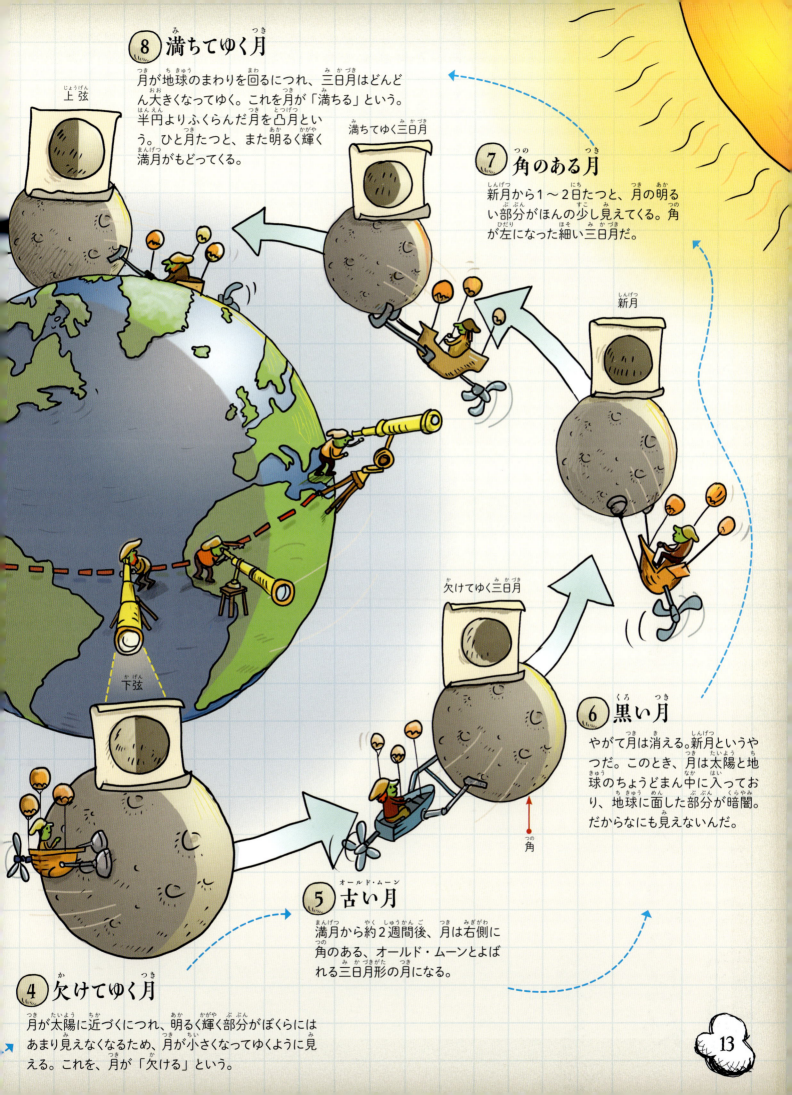

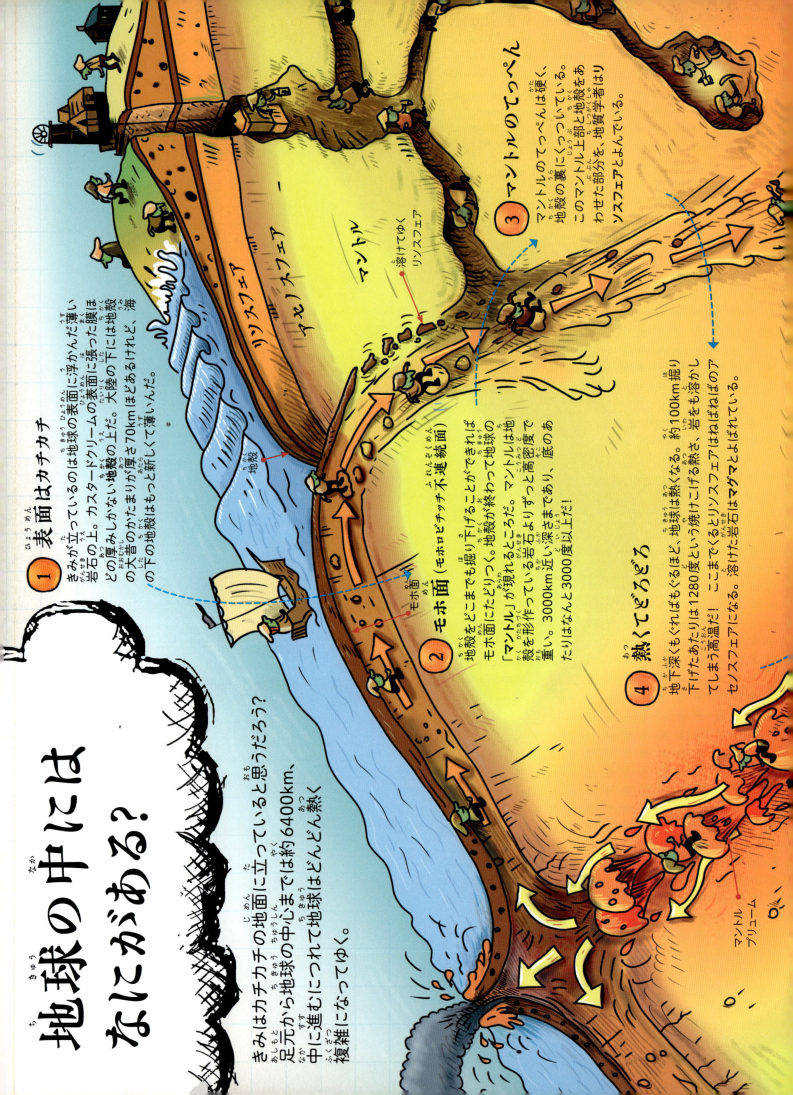

大陸はどのように動くの？

地球はずっと変わらなかったと思ってるかい？
じつは大陸は地下マントルの流れに押したり引いたりされながら、とてもゆっくりと漂っている。長い時間をかけて大陸は何度もくっついたり離れたりしてきた。巨大なジグソーパズルのようにね。

① 巨大大陸パンゲア
まだ恐竜もいなかったころの大昔、地球上の大陸はすべて巨大なひとつのかたまりだった。今の科学者たちはこの超大陸を「パンゲア」とよんでいる。

② 広大な海
パンゲアのまわりには広大な海がたったひとつだけ。今の科学者たちはそれを「パンサラサ海」とよんでいる。パンサラサ海は地表の3分の2を占める海だった。パンゲアの西海岸から船に乗って3万km航海すれば、パンゲアの東海岸にたどり着いたんだ！

③ 巨大な割れ目
約2億年前、パンゲアにひびが入りはじめ、地下から火山が爆発して大きなプレート（P18）が割れた。大陸はほぼ半分に分かれ、新しい大陸が2つ——北にローラシア大陸が、南にゴンドワナ大陸ができた。

恐竜の時代
恐竜が出現したのは今から約2億3500万年前。そのころパンゲアはいちばん大きかった。パンゲアが分裂するまでの1億7000万年間、恐竜は地球上の王者だったが、6600万年前、謎のように消えてしまった。

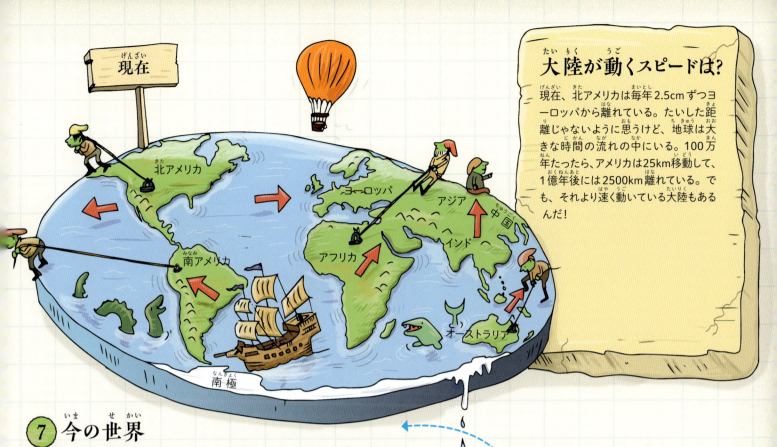

大陸が動くスピードは?
現在、北アメリカは毎年2.5cmずつヨーロッパから離れている。たいした距離じゃないように思うけど、地球は大きな時間の流れの中にいる。100万年たったら、アメリカは25km移動して、1億年後には2500km離れている。でも、それより速く動いている大陸もあるんだ!

⑦ 今の世界
大陸は今も動いている。北アメリカはゆっくりとヨーロッパから離れている。アフリカは時計回りにまわり、北東部がちぎれようとしている。同時に地中海がヨーロッパのほうに押しつぶされようとしている。オーストラリアは中国のほうに向かって、ぐんぐん北上中だ。

⑥ 大西洋の誕生
5000万年前になるころには恐竜は消えていた。北方では、アメリカとヨーロッパのあいだに新たな海、大西洋ができた。南方ではインドがゴンドワナから離れ、北に向かってアジアにぶつかった。

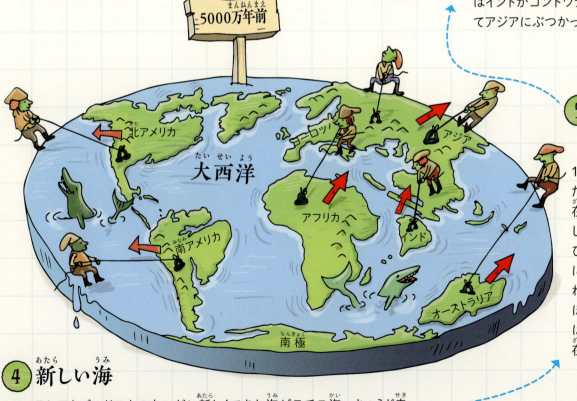

⑤ 多くの島に分かれた
1億年前には陸地の大きなかたまりがばらばらに割れた。現在の大陸のもとの形だ。しかし、当時の大陸はまだ海水にひたった状態だったので、海には小さな熱帯の島が数え切れないほど浮かんでいた。これほどたくさん島があった時代はない。ヨーロッパは島々が点在する海にすぎなかった。

④ 新しい海
ローラシアとゴンドワナのあいだに新しくできた海がテチス海。ちょうど赤道のあたりで、熱帯の太陽を浴びてきらきら輝いていた。恐竜が大地を支配したように、プレシオサウルスなどの巨大なハ虫類が海を支配した。

17

火山が噴火するしくみ

火山は地殻にあいた穴だ。地下で赤く熱く煮えたぎる液体の岩石（マグマ）が地表に噴き出す場所だ。
マグマはゆっくり流れ出るときもあるけれど、
ごう音をとどろかせて爆発し、
火山灰や火のように熱いガスや溶岩を吐き出す場合もある。

火山地図

地球には今にも噴火しそうな火山が約500！そのほとんどはプレートとプレートのあいだにある割れ目に沿って存在している。太平洋のへりにはたくさん火山があり、「環太平洋火山帯」とよばれている。

1 火山のオーブン

一部の火山の下には、マグマだまりとよばれる巨大な空洞がある。噴火の前、ここには地球内部からわきあがってきたマグマ（溶けた岩石）がつまっている。

環太平洋火山帯

地殻はどのように割れるの?

きみがこの本を読んでいるときにも足元の地面は動いている。地球の表面にはひびが入っており、**プレート**という巨大な岩の板に分かれている。大陸はとてもゆっくりと、割れて離れたり、ぶつかって一緒になったりしている。そして新しい海ができたり、それまであった海がなくなったりしている。

① 地球のピース

プレートとは、地球の外側の硬い部分や**リソスフェア**（P14）が割れてできたピースだ。地球には巨大プレートが7個、やや小さいプレートが10個、極小プレートが数十個ある。

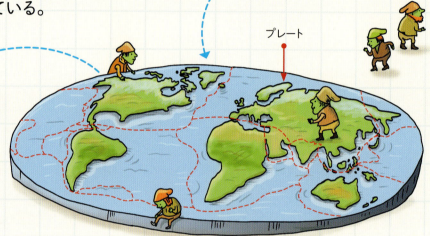

② 海と大陸

いちばん大きいのが太平洋プレートだ。太平洋の下に広がるプレートで、ほぼすべてが水面下。そのほかのおもなプレートはみんな大陸を運んでいる。大陸は軽くてとても古い岩石でできており、プレートの上にのっかっている。

③ 割れて、すべる

トランスフォーム断層とよばれる場所では、プレートはぶつかりもせず、離れもせず、反対方向に横ずれしている。すれ違うときにプレートのへりがこすれたり押しつけられたりすると大きな地震が起こる。

④ 開く!

プレートに入ったひびが両側に引っぱられ、割れ目のできる場所もある。海の下でそれが起きると、地球内部から出てきた熱いマグマが冷やされて、海底に巨大な海嶺ができる。これが陸上で起きると深い峡谷ができる。これらをリフトという。

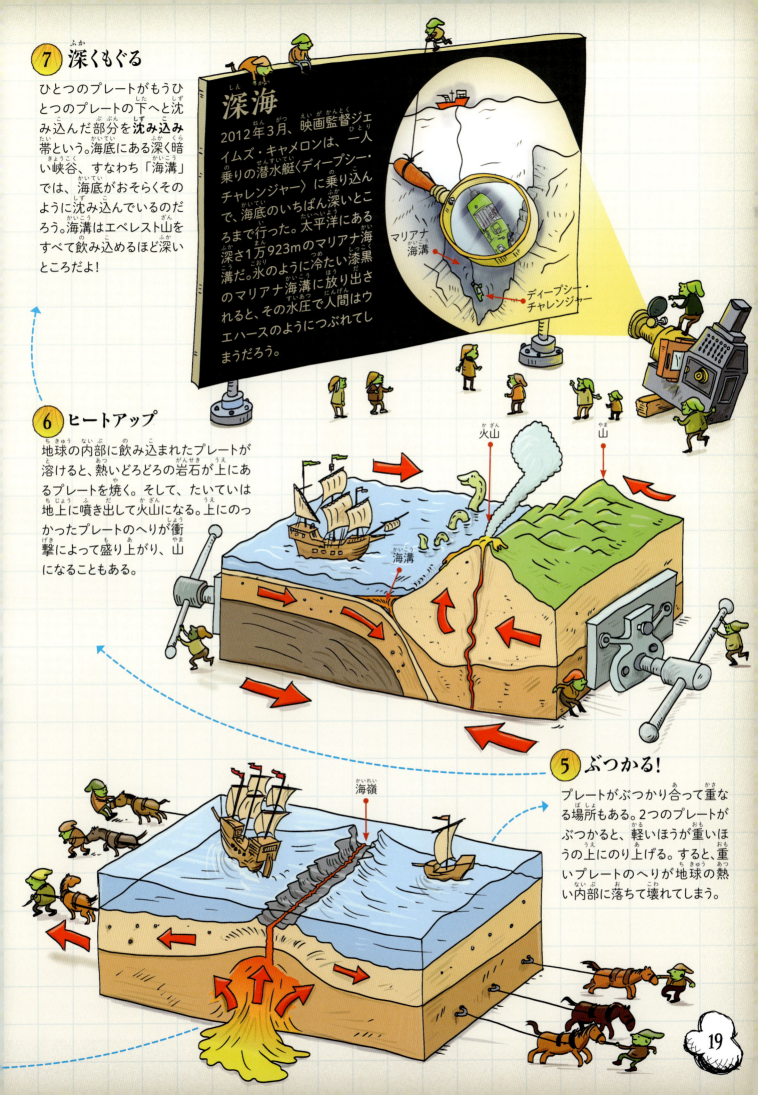

⑥ 火山弾を降らす

爆風によって、熱い岩石もどっさり飛び出してくる。その岩石を**火山砕屑物**という。ココナツよりも大きなものもあり、火山のまわりの風景を押しつぶす。

⑦ 燃えさかる火のように

なにより恐ろしいのは火砕流だ。火山砕屑物、火山灰、ガスが、ごう音とともに、ジェット機よりも速いスピードで流れ落ちてくる。火砕流はその場にあるものすべてを一瞬にして焼きつくすほどの熱さだ。

なぜ地震が起きるの？

地震はこわい！　大地震のときには、ビルや橋が壊れるほど激しく地面が揺れる。地震は巨大なプレートが突然割れたり、動いたりすることによって起きる。

地震帯
地球上のどこにいようと地震からは逃げられない。しかし最悪の地震が起きるのは、プレートどうしの境目に沿った地震帯。大きな地震のほとんどは太平洋のへりで起きるけど、ヨーロッパ南部やアジアでも大きな地震は起きる。

① 引っかかる
多くの地震は、プレートどうしが横ずれしている「**トランスフォーム断層**」で起きる。すれ違うとき、プレートのギザギザしたへりが引っかかり、圧力がどんどんかかってゆく。

② 壊れる
圧力がかかりすぎるとプレートが耐えられなくなり突然割れる。そのとき地中を衝撃波、つまり「**地震波**」が走る。

③ 揺れがはじまる
地中で揺れがはじまるところを**震源**という。その上の地表にある地点を**震央**とよぶ。揺れがもっとも激しいところはこの震央だ。地震波は、放射状に広がるにつれて弱くなってゆく。

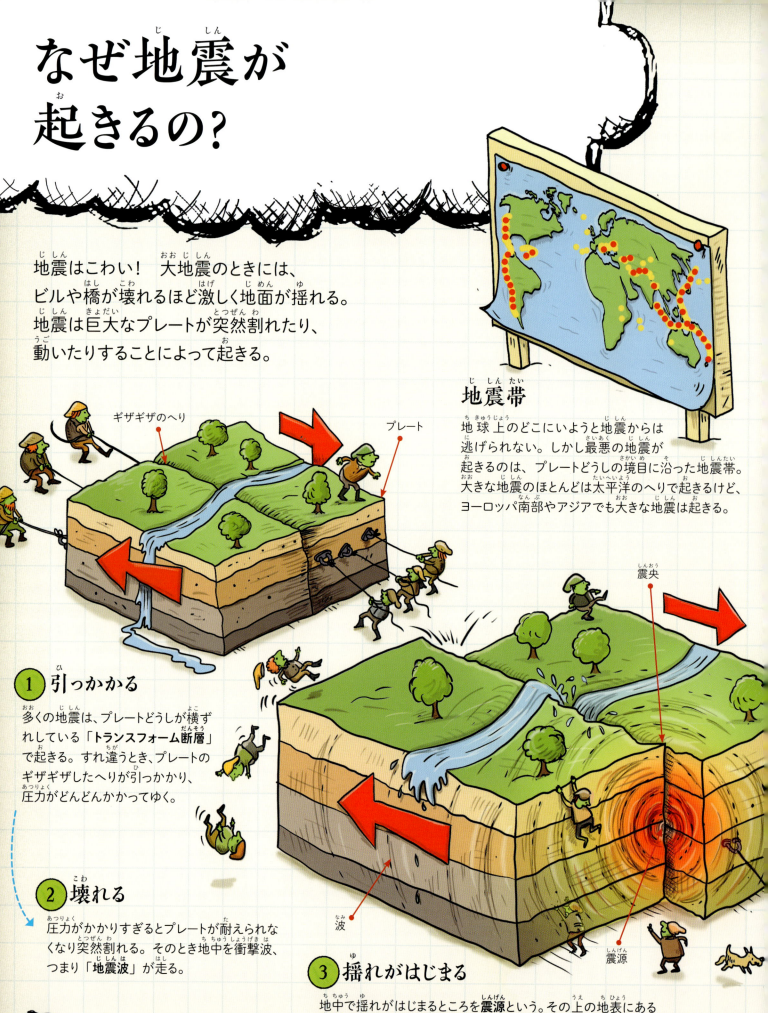

山はどのように盛り上がるの?

多くの大陸には、てっぺんにいつも雪のある高い山がそびえている。地震で隆起した山もあれば、火山活動でできた山もある。しかし、ヒマラヤのように大きな山脈は、プレートがゆっくりと動くことによってできたものがほとんどだ。

① 証拠となる割れ目

アジアとインドは、壮大なヒマラヤ山脈とチベット高原をまん中にして昔からくっついていたように見える。でも山脈の地下深くには、大昔の驚くべき真実を明かす大きな割れ目がある。

② 古い友だち

8000万年前、今ヒマラヤ山脈がある場所には山などなかったし、インドは海の向こう、アフリカにくっついていた。だが、やがてインドとアフリカはぷつりと切れて離れた。

③ インドは高速船

インドは動くプレートにのって海を北上していった。スピードは毎年20cm。ゆっくりしてるように思えるけど、動いているのは大陸だ。大陸にしてはかなり速い!

④ 衝突めざして

わずか3000万年のあいだに、インドは体当たりするようなスピードでアジア南部へと直進した。インドの下にあるプレートは動きを止めず、アジアの下にすべり込んでいった。そのためインドとアジアの距離はどんどん縮まり、あいだの海もしだいに狭くなっていった。

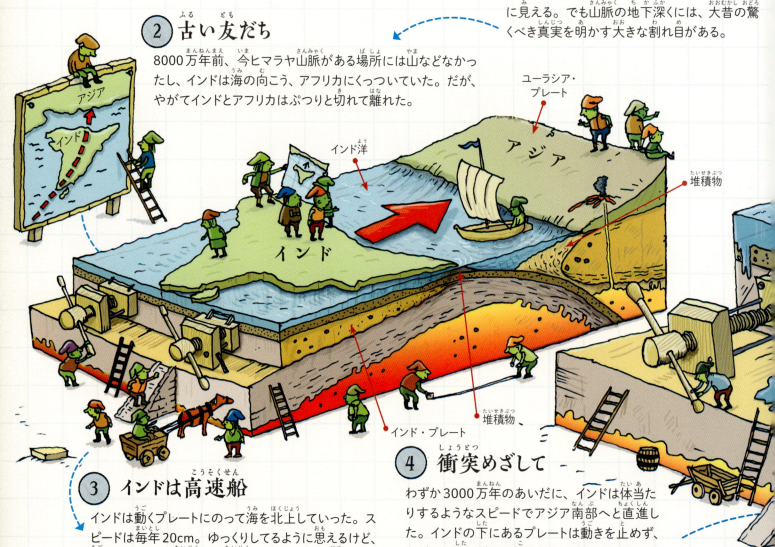

折れ曲がった地層

岩石の層が折れ曲がってできた谷の部分を向斜、山の部分を背斜という。折れかたにもいろいろとあり、どの程度傾いているかによって地質学者はさまざまな名前をつけている。

⑧ さらに高く

これで終わったと思わないでほしい。インドは、かなりスピードを落としながらもまだ北に動いている。ヒマラヤ山脈はつねに押されながら少しずつ高くなっている！ エベレストは毎年4mmずつ高くなっているよ。

⑦ 新しい山

ぺしゃんこに折れ曲がった岩盤がヒマラヤになった。このような山脈をしゅう曲山脈という。ロッキー山脈、アンデス山脈、アルプス山脈などがそうだ。エベレスト山は8848mまで盛り上がり、世界一高い山になったんだ。

⑥ 押しつぶす

それでもインドは前進した。すると、ガッシャーン！ アジアとインドのあいだの海底の岩盤が押し上げられた。ぺしゃんこになっていた地層が、空に向かってさらに高くそそり立った。

⑤ 激突！

やがて――巨大な2つの大陸がぶつかった！ ドシン！ まず、それぞれの大陸のいちばん前にある新しくて柔らかい岩石の層がぺしゃんこになり、上方を向いた。

陸地はどのように削られるの？

きみのまわりにある景色は、ずっと同じままではない。きみが生きているあいだに変化することは、そんなにないだろう。でも地球はとても長生きだ。何百万年もたつと、高くて頑丈な山も風雨にいためつけられ、平らになる。

① 風雨にさらされる
山の天気は厳しい。雨風が打ちつけると、どんなに硬い岩ももろくなる。水が細かい割れ目にしみ込み、それが山の冷気で凍ってふくれ、岩を粉々に壊す。この作用を風化という。風化によって山の頂はぎざぎざになり、崩れてゆく。

② 山が崩れてできた小石
風化した岩石のかけらは山崩れによって転げ落ち、ふもとに積もって「崖錐」という地形をつくる。

③ 水に削られる
雨も岩を削る。山の斜面を転げ落ちた岩石は川に集まり、その岩や石を川が運んでゆく。このような運び去る作用を侵食という。氷河も谷の両脇を削りながら、大量の岩石を取り除いてゆく。

28

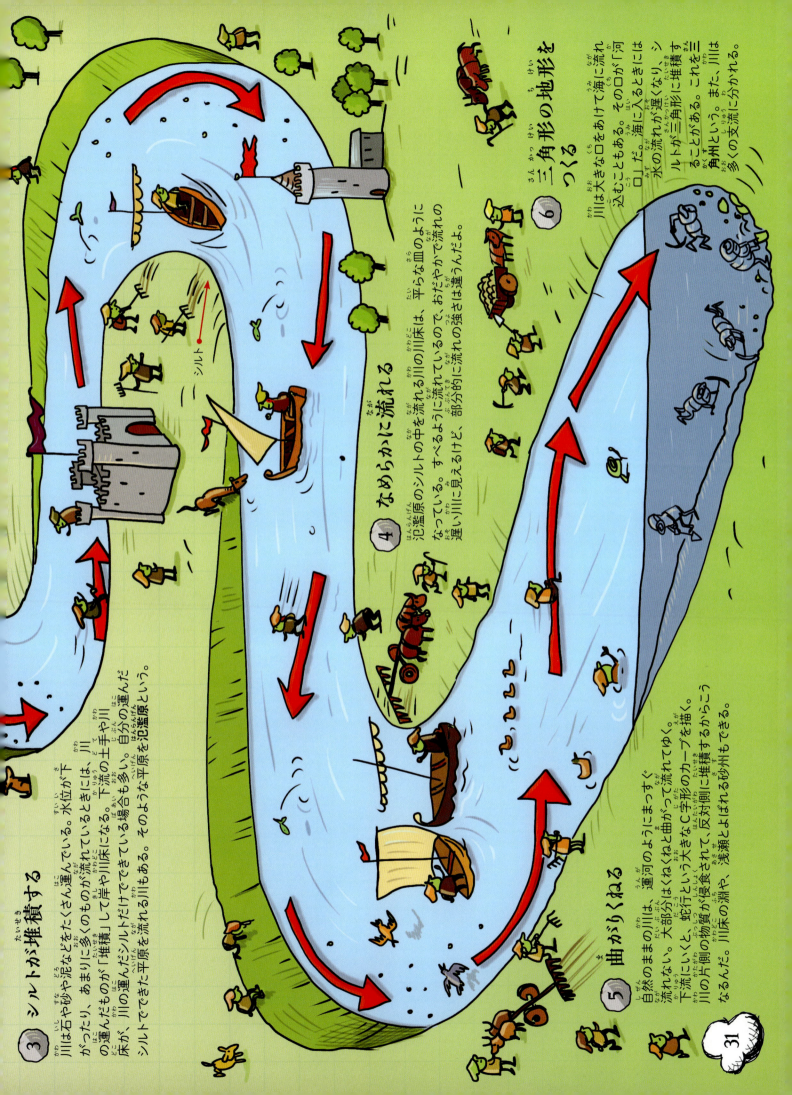

氷河はどのように景色を変えるの？

大昔、地球には氷河時代とよばれるとても寒い時代があった。巨大な氷の川、氷河が多くの谷を埋めつくしていた。氷河はずるずる前進しながら、土地を削っていった。

氷前線

最後の氷河時代は200万年前にはじまり、1万年前に間氷期とよばれる比較的温暖な時期に入った。ロシア、ヨーロッパ、北米のインディアナ州やイリノイ州まで一面、広大な氷原が広がっていた。南米の一部やニュージーランドも、氷に埋もれていたんだよ。

雪

圏谷

岩石の破片による侵食

① 雪の野原

山のくぼみに降り積もった雪は、固まると氷の皿のようになる。これが氷河のはじまり。やがて氷がたくさん積み重なると、くぼみからあふれ出て、坂をすべりはじめる。

② すべる氷河

ときどき、氷河の下面が溶けて水になり、それが油のような役目をして、重なり合った層がすべったりすることがある。トランプのカードの束がすべる感じだ。

⑤ 鬼のひじかけ椅子

氷河がはじまる山のくぼみの部分は圏谷といい、深いひじかけ椅子のような形をしている。その椅子の背がどんどん後方に侵食され、山の尾根は鋭いナイフの刃のような地形になる。

⑥ 巨人のバスタブ

曲がりくねった山間部を氷河がかきわけて進むうち、V字形の谷は削られて、まっすぐ広大なU字谷になる。谷の両斜面はばっさり切り取られることが多く、高い山の上から氷が落ちてきて、滝となる。

⑦ 残ったもの

氷が溶けると、運ばれた岩石の破片が谷底に積もって残る。これを**モレーン**という。かつて氷河の先端部だった場所に積もったものをターミナル・モレーン、氷河に沿って積もったものをラテラル・モレーンとよぶ。

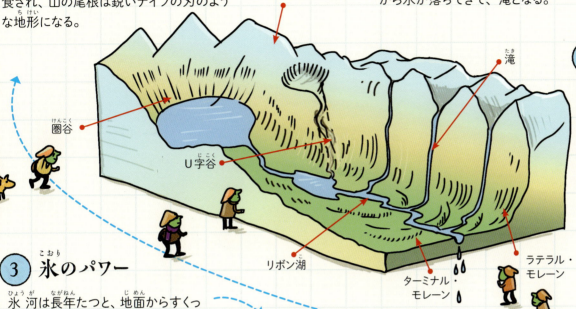

③ 氷のパワー

氷河は長年たつと、地面からすくったり山から落ちてきたりした岩石や砂利でいっぱいになる。この岩石や砂利が巨大な研磨機に変身し、削ったり、こすったり、引っかいたりするようになる。

④ 恐ろしい掘削機

氷河の動きはにぶいけど、氷の重みが巨大なパワーを発揮する。山腹を大きなお椀状に削ったり、谷を深くえぐり取ったり、斜面をばっさり切り取ったり。ようやく氷が溶けてなくなると、風景は一変している。

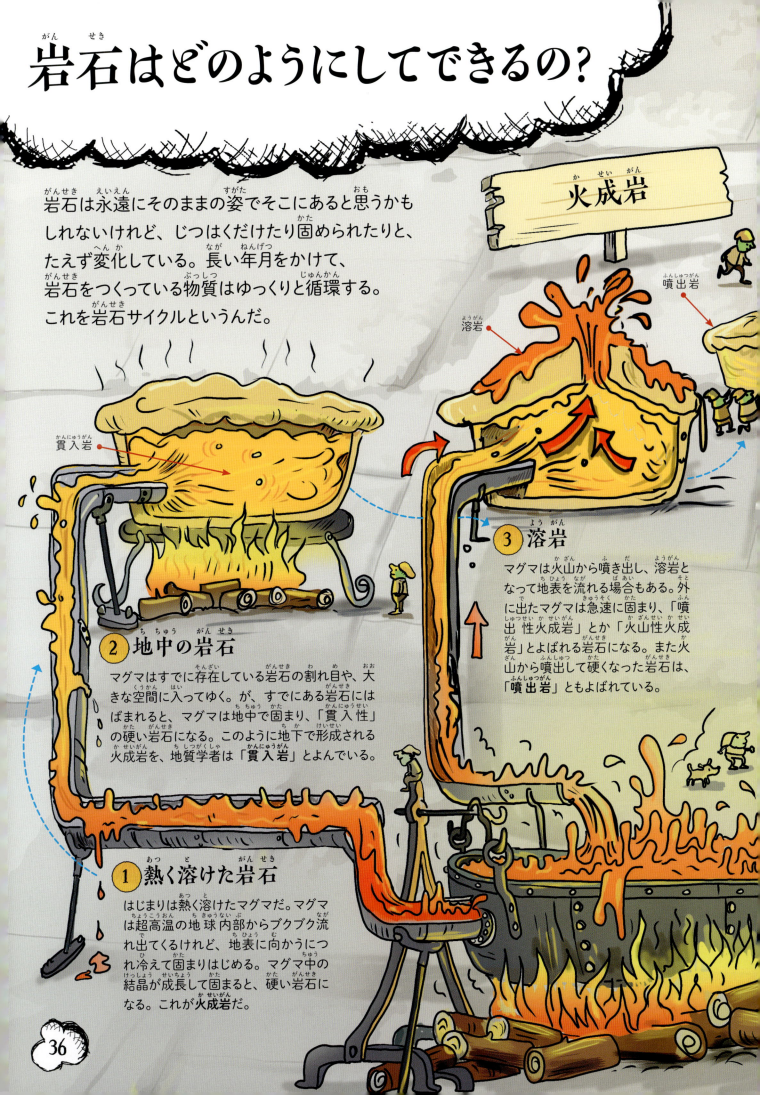

鍾乳洞はどのようにしてできるの？

石灰岩でできた不思議な宮殿が地下深くにある。まっ暗闇の中、聞こえるのは水がしたたる音だけ。小さい洞窟がほとんどだけど、大聖堂くらい大きなものもあり、床から尖塔のようなものが突き出ていたり、天井からスパイクみたいにとがったものがぶら下がっていたりする。

① 岩のブロック
洞窟の中でいちばん大きいのが石灰岩の洞窟だ。石灰岩はできるときに巨大なブロックにひびが入り、ひびは十文字のもようになる。これが「節理」だ。地表に露出している石灰岩を見ると、まるで敷石か巨大なレンガのようだ。

② 消える水
水は割れ目に吸い込まれる。岩の中には穴がある。まるで岩が水を飲み干すように見えるので、これを吸い込み穴というんだ！川を飲み干してしまいそうなほど大きな吸い込み穴もある。

③ 下に流れる
吸い込まれた水が集まると地下水流になる。地下水流が、かなり低い場所の地表に噴き出して泉になることもある。地下水は岩石の下層部にたまることもあり、岩に空洞があると不思議な地下湖ができる。

④ 溶ける岩石
雨は大気中の二酸化炭素のせいで弱酸性だ。びっくりするけど、雨は石灰岩を溶かしてしまう。水が砂糖を溶かすみたいにね。だから、地中にしみ込んだ雨水がしたたるところは、石灰岩が溶けている。

34

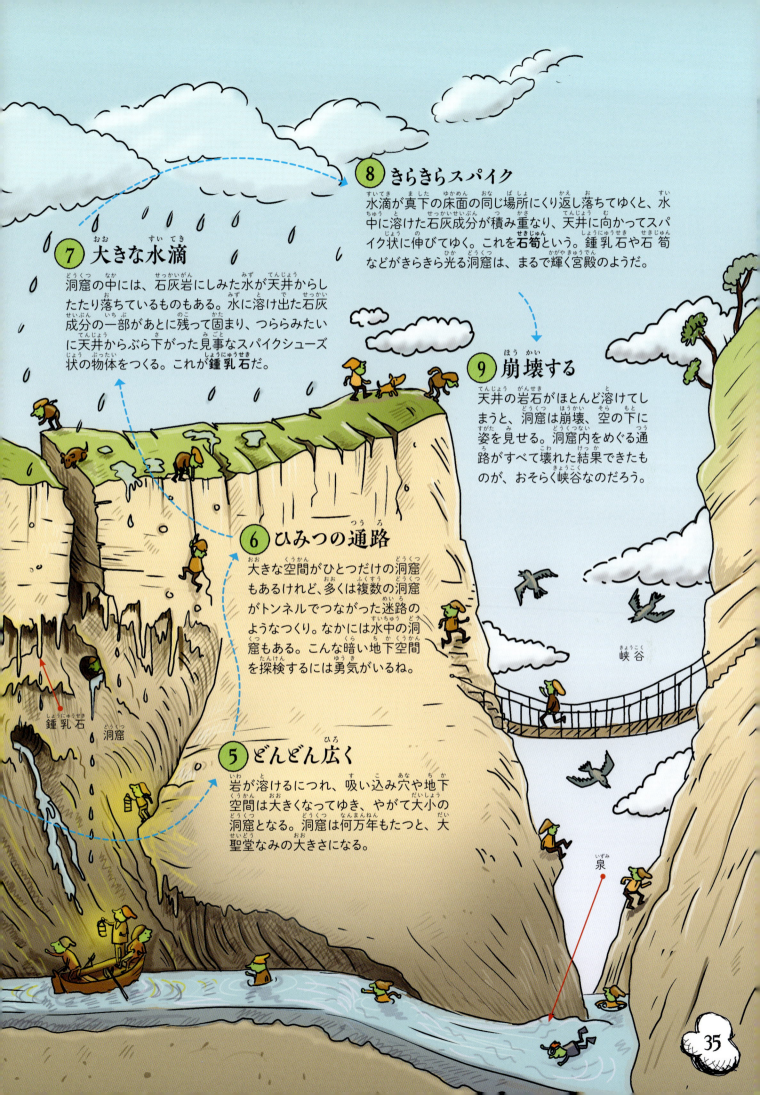

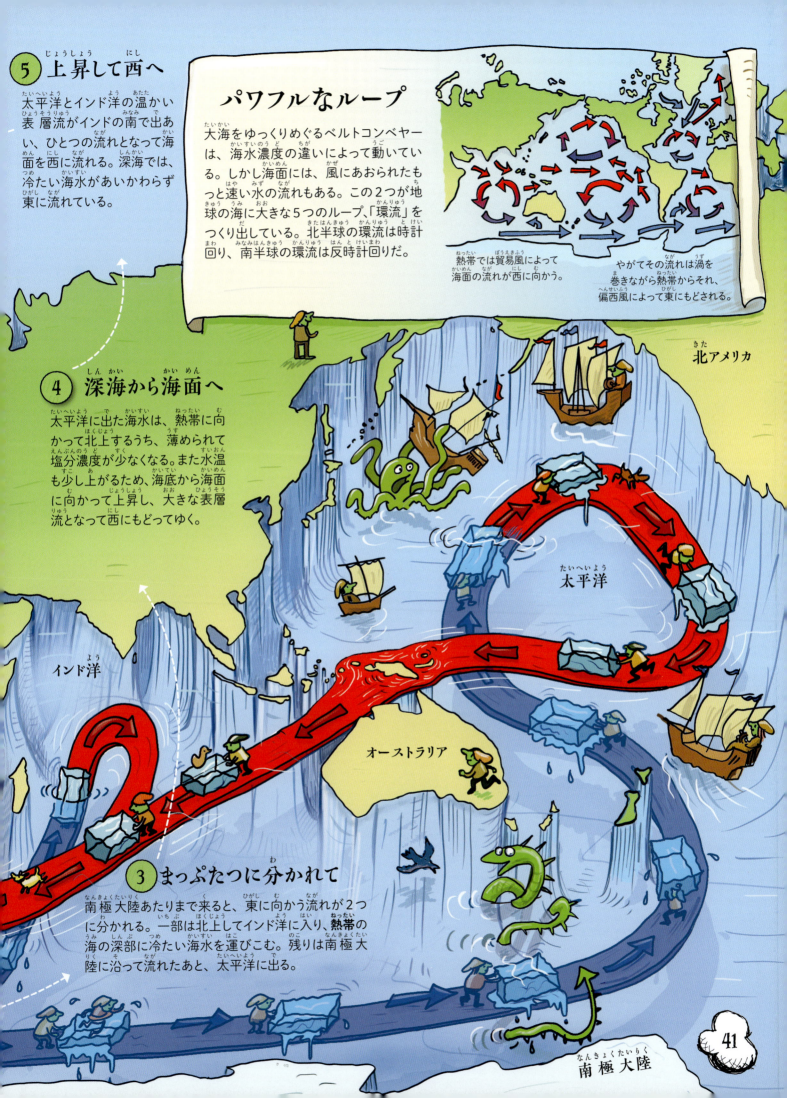

波はどのようにして海岸をつくるの?

海岸では浜辺に波が打ち寄せている。
波はおだやかになったり激しくなったりして、硬い海岸を削りながら砂浜をつくる。

おだやかな天気のとき

1 風が吹く場所

海のはるか沖では強い風が吹いている。風は海面に吹きつけてさざ波を立てる。そのさざ波が集まると、盛り上がった波になる。そういう波は海面を上下させるので、うねりとよばれている。

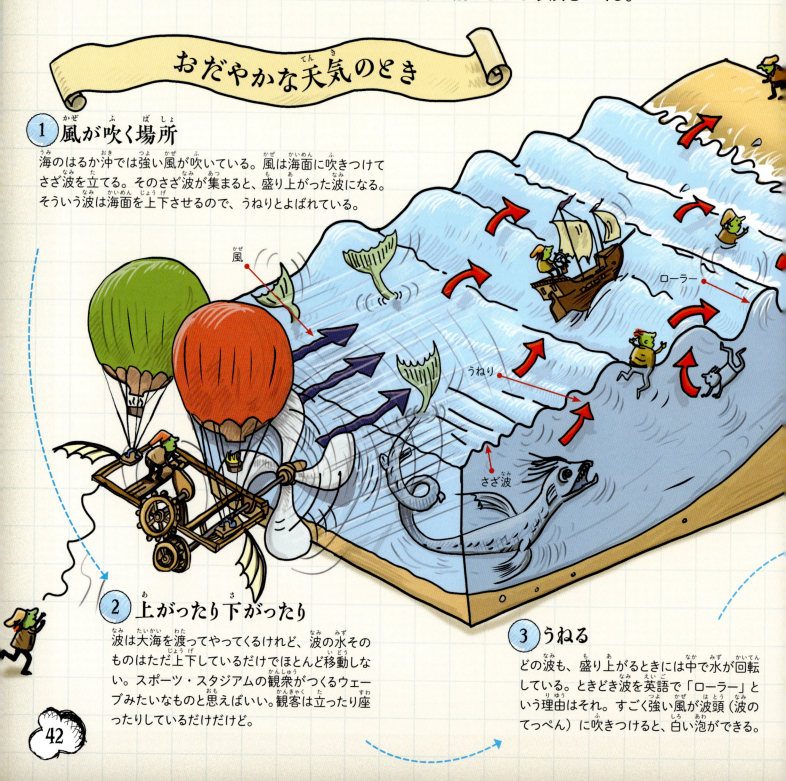

2 上がったり下がったり

波は大海を渡ってやってくるけれど、波の水そのものはただ上下しているだけでほとんど移動しない。スポーツ・スタジアムの観衆がつくるウェーブみたいなものと思えばいい。観客は立ったり座ったりしているだけだけど。

3 うねる

どの波も、盛り上がるときには中で水が回転している。ときどき波を英語で「ローラー」という理由はそれ。すごく強い風が波頭(波のてっぺん)に吹きつけると、白い泡ができる。

42

嵐のとき

⑥ 嵐は破壊者
嵐が吹き荒れると、巨大な波が生まれる。海岸に向かって激しく打ちつける大波は、岩をもくだくほど。石を取り込んで海岸にぶつけたり、岩が壊れるほどの力で岩のすき間に海水を押し込めたりするよ。

⑦ 撃退する
起伏のある海岸では、波で丘が切り取られて断崖ができる。しかし、断崖のすそに何度も波が当たるうち、崖は崩壊する。丘は岩が露出して岬となり、谷は湾になる。

⑧ 崖を削る
波は断崖に洞穴を彫ったり、岬に穴を開けてアーチをつくったりする。アーチが崩れたあとには、離れ岩とよばれる岩の柱が残る。波が断崖を削ってゆくうち、小さな海水のプールのある岩の棚が海面近くにできる。

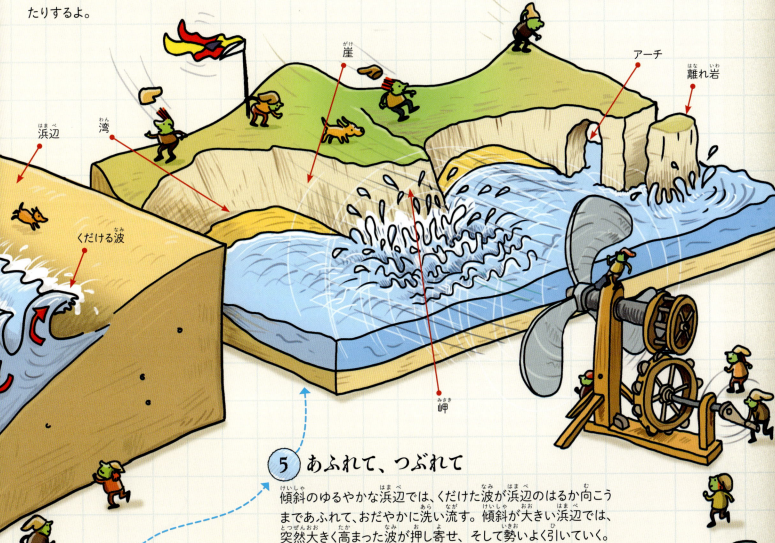

⑤ あふれて、つぶれて
傾斜のゆるやかな浜辺では、くだけた波が浜辺のはるか向こうまであふれて、おだやかに洗い流す。傾斜が大きい浜辺では、突然大きく高まった波が押し寄せ、そして勢いよく引いていく。

④ くだける
海岸に近づくと海は浅くなり、水のローラーが海底にぶつかるようになる。すると波が寄り集まってくだけ散り、高さを増してゆく。波はしだいに高く薄くなり、やがてそのてっぺんが浜辺にバシャリと落ちて、白い泡がどっと広がる。

砂浜ができるまで
強い大波は、海岸に打ちつけて後退するときに、砂を砂浜から奪ってゆく。こういう波は「破壊的な波」とよばれている。しかしおだやかな「建設的な波」が、砂を砂浜のはるか向こうまで運び、砂浜をつくる。

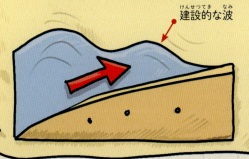
建設的な波

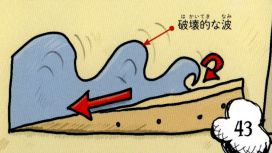
破壊的な波

43

暴風雨はどのように起きるの？

北極には一年中、寒気が居座っている。その寒気はじりじりと南下し、熱帯から吹く暖かい風とぶつかり、寒帯前線とよばれる境界をつくる。冬の暴風雨は、その境界で発生するんだよ。

気圧が下がる

冬の嵐は、暖気が寒気に押し上げられた場所に起きる。寒帯前線はくさび形になっており、その部分は気圧が下がるために低気圧とよばれている。上昇した大気が雨雲をつくり、強い風をよびこむので暴風雨となるんだ。

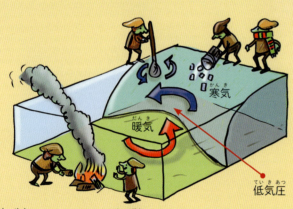

前線のダブル攻撃

偏西風が吹くと嵐は東に引きずられ、くさび形の前線の両腕部分が通過してゆく。まず、**温暖前線**（暖気が寒気の上にのしかかっているところ）が通過、次に**寒冷前線**（寒気が暖気の下にもぐり込み、押し上げているところ）が通り過ぎる。

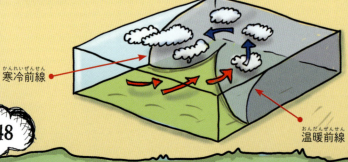

① 空からの警告

激しい雨風の接近を知らせる最初のサインは、巻雲だ。温暖前線の先端の空高くにできる。巻雲がこちらに近づいてきていたら、6時間以内に雨になると思ったほうがよい。

② 近づく雲

やがて、前線のやや低い位置にできる巻層雲が空一面に広がり、きみの頭上に向かって動いてくる。気圧が下がり、空気が冷えはじめ、風が吹いてくる。

③ 雨が降ってくる

空が暗くなり、まず高層雲が出たあと、ぶ厚い乱層雲が広がる。やがて、霧雨になったかと思うと、雨が降りはじめる。温暖前線が通り過ぎるあいだの数時間、雨はしっかり降りつづく。

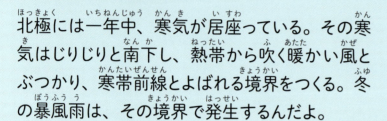

なぜ風が吹くの？

きみのまわりの空気はじっとしていない。寒い場所から暖かい場所へとつねに流れている。寒い極地方から暖かい赤道へ、たえず空気を流す巨大な送風機と思えばいい。

① 熱帯で上昇する

熱帯の大気は、焼けるように熱い太陽にあたためられる。あたたまった大気はふくらんで上昇する。海や多雨林の水分は、あたたまった大気とともに空にのぼり、大きな雲をつくる。真昼になるころには、その雲はずぶぬれのかたまりになっていて、短い時間の大雨を降らす。

② 北へ南へ

大気は上昇しながら、もともとそこにある大気を押し流すため、上空では、赤道から北と南に向かう大気の流れが生まれる。はるか上空では、風は北と南に吹いているんだ。

③ 乾く

赤道から何千kmと離れた亜熱帯では、上空に吹く風が冷えて地表に下りてくる。すると大気が気圧で強く押されてあたたまり、乾燥する。自転車のタイヤにポンプで空気を入れたときに熱くなるのと同じだ。あまりに乾燥するので、このあたりに砂漠ができるのだろう。

④ 熱帯でぐるぐる

熱帯で大気が上昇し、上空で風が生まれると、亜熱帯で上空から下りてきた大気は、そこにある大気を赤道に押しもどす。このため熱帯地域では年じゅう風が吹いている。これが貿易風だ。熱帯地域で生じる南北方向の大気のめぐりをハドレー循環という。

ハリケーンはどのようにして生まれるの?

ハリケーンは、海を渡って東からやってくる熱帯の大嵐。空のはるか上から見ると、渦巻くクリームケーキに見えるけど、じつは、暴風が渦を巻いたとんでもない怪物だ。クリームに見えるのは、土砂降りの雨をもたらす巨大な積乱雲の輪なんだ。

① ハリケーンの誕生

ハリケーンは夏の終わりに生まれる。場所は大西洋、インド洋、太平洋など大きな海の東の端の、赤道のすぐ北か南だ。大西洋ではアフリカの北西、カーボベルデ諸島付近のあたたかい海で発生する。

② はじまりは水蒸気

はじまりはただの水蒸気、熱帯の太陽に当たった海水が海上を漂っているにすぎない。しかし、強い日ざしが照りつけ、水蒸気がたくさん上がると、やがて巨大な積乱雲になる。

③ 嵐を集めて

はるか上空では、西からの強い風が積乱雲のてっぺんをかすめてゆく。いっぽう、東からは貿易風が海を渡って吹いてくる。この逆方向の2つの風によって、積乱雲はねじれて回転し、らせん状の嵐となる。

52

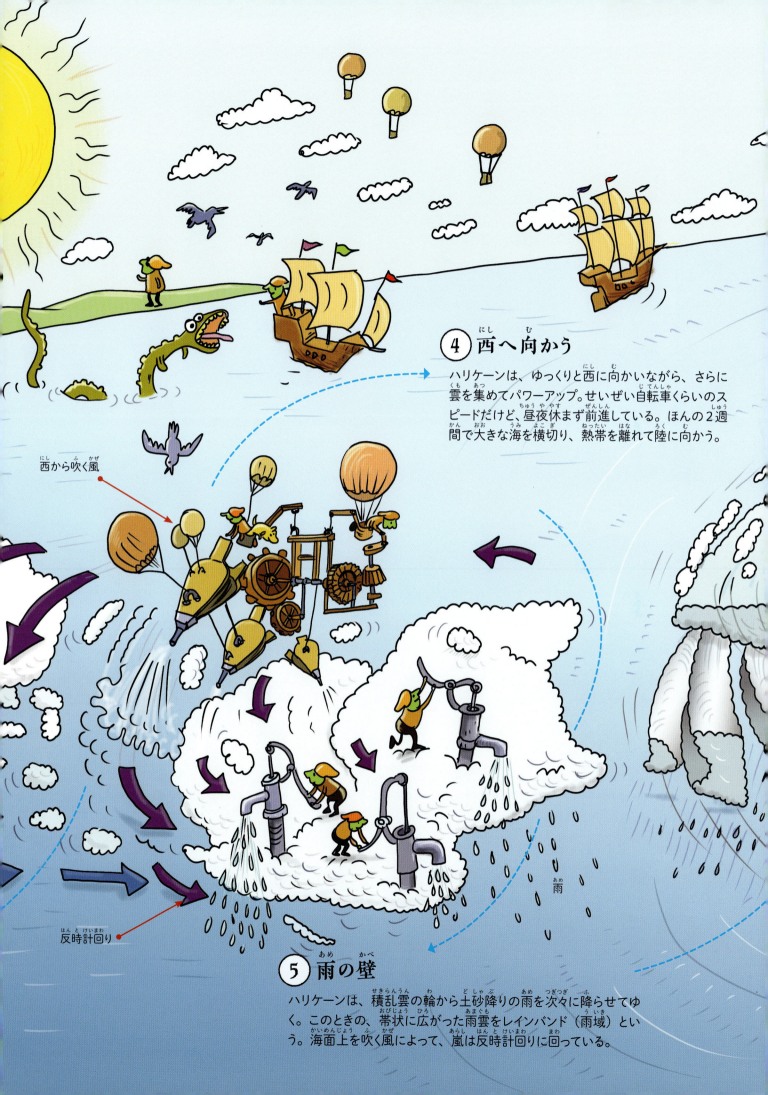

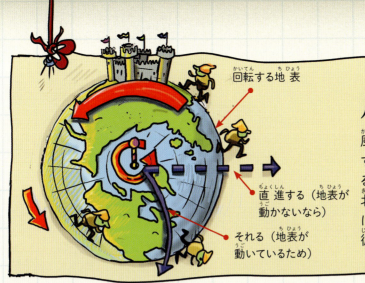

風は曲がって吹く

風は気圧の高いほうから低いほうにまっすぐ吹くわけではない。地球が自転しているため、吹く方向が曲がってしまうんだ。北半球では風が右にそれ、南半球では左にそれる。このため、3つの大きな大気循環が、ねじれたらせん状になっている。

⑤ 貿易風が出あう

ハドレー循環の起きる場所は、赤道の両側にある。だから、北からの貿易風と南からの貿易風が出あうことになる。出あう場所は季節によって変わるため、熱帯には雨季と乾季があるんだ。

⑥ 偏西風

ハドレー循環のほかに、地球上には大きな大気循環が2つある。中緯度地域の地上では、亜熱帯から両極方向に偏西風が吹いている。上空では、逆に赤道方向に風が流れている。この循環を**フェレル循環**という。

⑦ 極風

極地方には、極循環という大気の流れがある。両極の冷えた大気は上空から下降して、両極から離れるように流れてゆく。それが、熱帯方面から吹いてきた暖気に出あうと、押しもどされて上昇し、極方向に流れてゆく。

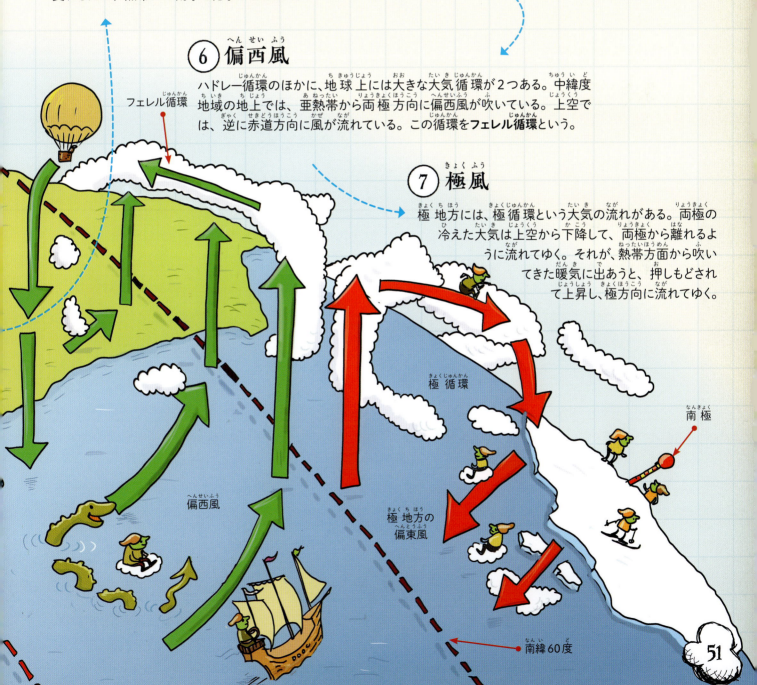

51

ハリケーン級

ハリケーンの風はものすごく強い。ハリケーンに分類されるのは、秒速32.7m（時速118km）以上の風――「ハリケーン級」の風といわれる――をともなう嵐だ。大型だと風はもっと強い。2017年に発生したハリケーン・イルマは、最大風速が秒速96.1m（時速346km）以上だったんだ！

⑧ 嵐がやってくる！

ハリケーンが直撃するはるか前から、沿岸部には風にあおられた大波が打ちつけはじめる。海岸にいると、恐ろしい黒い雲がこちらに向かってくるのが見えるよ。風が勢いを増してきたら、さあ大変！

⑨ あふれる水

陸上を通過するときのハリケーンは、勢力が落ちて風が弱まっている。でも、土砂降りの雨が大きな被害をもたらすこともある。ハリケーンが去ったあとの数日間は、川の水があふれて橋が流されるなど、恐ろしい洪水の被害が起こるかもしれない。

高潮

55

⑥ ハリケーンの目

ハリケーンの雲のどまん中にトンネルがある。これが「目」だ。目の中では、風がらせん状に雲の壁をのぼり、嵐のてっぺんから出てゆくんだ。嵐の目が通り過ぎるときには空が晴れ、あたりはしんとする。でも、だまされてはいけない、これはほんのいっときの静けさだからね！

⑦ 大波になる！

ハリケーンの目は、気圧が低いので海面を吸い上げる。また、風が吹くことによって、海水はさらに盛り上がる。こうして生まれるのが「高潮」だ。陸地をめざすハリケーンは、高潮をつれてやってくる。そして、巨大な波で沿岸部を飲み込んだり、内陸を水びたしにしたりする。

とても暑い場所があるのはなぜ？

どの地域にも、その地域特有の気候がある。極地方や山のてっぺんは一年中凍っているけれど、**熱帯**は決して寒くならず、いつも暑い——とにかく暑い！

① 太陽のパワー
熱帯が暑いのは、太陽が地球に対してまっすぐに照りつけている地域だから。つまり、地球が真正面から太陽に向き合ってる場所ってこと。熱帯は太陽光が集中するところなんだ。

② 正午
熱帯にいると、太陽があっというまに高くのぼるのがわかる。正午になるころには、ほぼ頭の真上だ。ただ、夜になるのも早い。熱帯では、夜と昼の長さがほぼ同じだからね。

③ 熱帯の雷
湿気の多い熱帯では、午前に気温が上がり、湿気が大気中に上昇する。そして大きな雷雲ができる。午後までにはいろんなものが熱をおび、雲はいつでも大雨を降らせられる状態になる。

④ 温帯
温帯は熱帯と極地方の中間にある地域。太陽に対して、地球が斜めを向いている地域なので、熱帯ほど太陽熱が集中しない。冬は寒く、夏は暑いが、気候はおおむねおだやかだといえる。

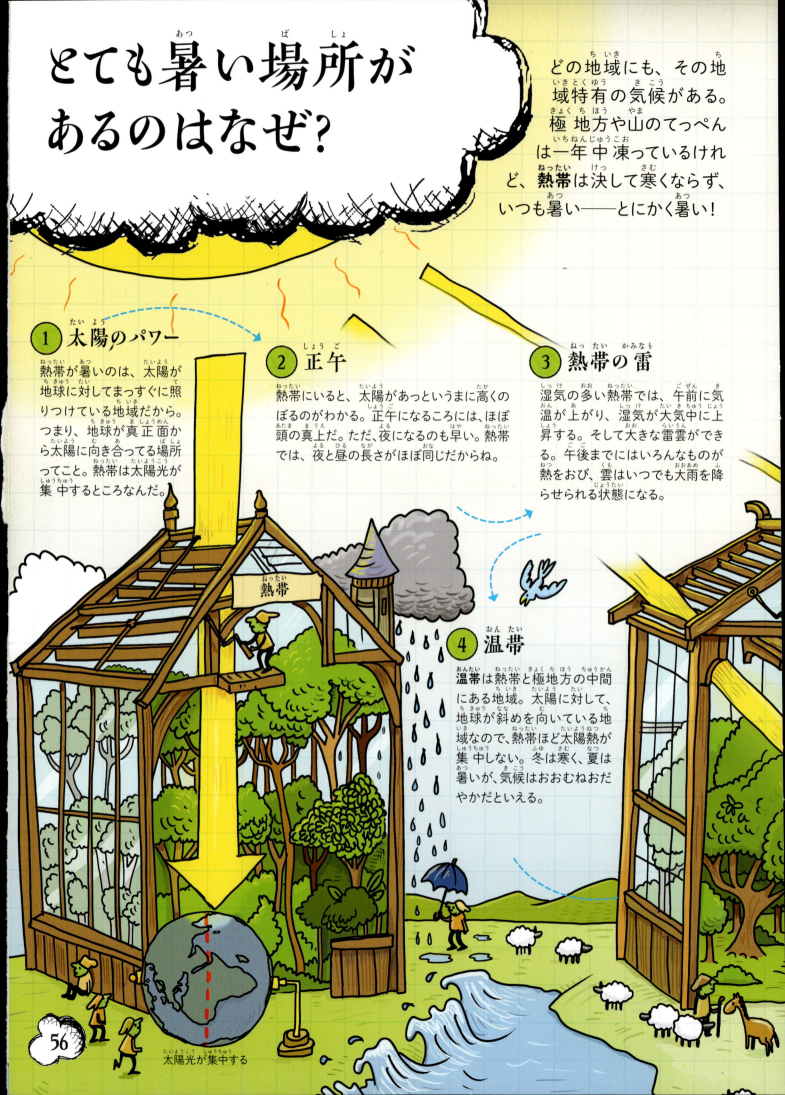

太陽光が集中する

56

5 太陽は高さを変える

温帯の太陽は徐々にのぼる。熱帯ほど空高くにのぼらないが、高度は季節によって変化する。夏は太陽が高いため昼が長く、冬は太陽が低いため昼が短く夜が長い。

陸と海

海は太陽熱をため込みやすいので、海に面した地域では冬は寒くなりにくく、夏は暑くなりにくい。だから、気候はおだやかで湿度が高い。海から離れた場所は、気温が上がるのも下がるのも速いため、冬は寒く夏は暑いんだよ。

海岸気候

大陸性気候

6 天気はさまざま

夏になると温帯地域は、より太陽のほうを向く。気温が高くなり、午後に大雨が起きやすくなるのは熱帯に似ている。冬は太陽からそっぽを向くので寒くなり、西寄りの風が吹いて天気が荒れる（P48）。

7 寒帯

極地方は地球でもっとも寒い場所。地球が太陽に対して、ほとんどそっぽを向いている地域なんだ。日光のさす角度が低いため、太陽の熱が届かず、年じゅう寒い。

8 極夜

冬の極地は、太陽に対して極端な方向を向いている。だから、太陽は1日に数時間、地平線のほんの少し上に出るだけだ。冬になると、一日中太陽が出ない極夜が訪れる。

9 真夜中の太陽

夏の極地方では、ほぼ一日中太陽の光が消えない。まっ暗になるときがなく、日が沈んでも空がほんのり明るいんだ。

温帯

極地方

太陽光がやや分散する

太陽光が大きく分散する

季節はどのように移り変わるの？

① 寒い季節

冬、地球は太陽からそっぽを向くように傾いている。空にのぼった太陽の高度が低いために、昼が短く、天気は寒くて荒れ模様。氷の張ることが多く、落葉樹は葉を落とし、動物は冬眠する。

極地方は一年中凍えるような寒さだが、熱帯はまったく寒くない。しかし、そのあいだにある「温帯」では、四季の変化が生まれる。地球が傾きながら太陽のまわりを回っているからだ。寒い冬の次には春が来て、暑い夏になり、秋になったと思ったら、また冬がやってくる。

動く太陽

地球が直立していれば四季はないけれど、傾いているので、太陽光の当たる角度が1年を通して変わるんだ。地球が太陽に真正面から向き合っているところが北から南、そしてまた北へと移り変わる。

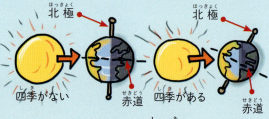

めぐる四季

北半球が太陽に向かって傾いているとき、気温は高くなる。だが半年後、太陽の反対側まで移動した北半球は、太陽からそっぽを向いた状態なので気温が低い。南半球では、この逆のことが起きている。

② わびしい真冬

1年でいちばん昼の短い日が冬至、冬のどまん中だ。この日を過ぎると地球が太陽に向かって傾きはじめ、昼がしだいに長くなってゆく。

③ 花咲く季節

春になると、太陽の高度がさらに高くなるので、気候は良くなってくる。昼は暖かいけれど、夜はまだ寒く、にわか雨が多い。花をつけたり枝葉を伸ばしたりと、植物には最高の季節だ。

熱帯多雨林の中はどうなっているの？

ここはインドネシアの森。熱帯の多雨林は生き物にとって特別な場所。ここには、実り豊かな緑の植物が茂る温室のようなところだ。大きなものから小さなものまで、何百万種もの動植物が暮らしており、すべての生き物が自分の居場所と役割をもっている。

① 森のてっぺん

森のてっぺんのあちこちから、ひときわ高い木が空に向かって突き抜け、太陽の光を浴びている。ティーツリー、鉄木、チークなど、とても歳をとった、幹が硬い木々だ。森林のこのエリアを巨木層という。

② 緑の屋根

高いこずえの下には、太陽光をキャッチしようと枝葉が広がっている。太陽光と雨をつかまえる巨大な傘だ。森林のこのエリアは林冠とよばれている。

午後の雨

毎日午後になると、森には大雨が降る。でも、こずえが傘になるから大丈夫。雨がやんでしばらくたっても、しずくがポタポタと葉の上に落ちている。

アマツバメ

コウモリダカ

カンムリワシ

木にはむへび

③ 空高く飛ぶ生き物

こずえでは猛禽類が日を光らせている。コウモリダカがコウモリに襲いかかり、空飛ぶ昆虫をエサにするヒタキやアマツバメなどの鳥に飛びつく。カンムリワシは樹上で生きるヘビをつかまえる。

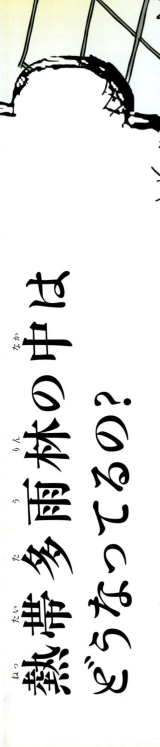

植物は日光をどう利用するの？

植物は、空気と水と日光だけで生きてゆける！ 緑色の葉は植物の食べ物をつくる工場だ。植物は日光を燃料に、**光合成**という反応によって空気と水を食べ物に変える。

1 柵の中の発電所

葉が大きく平たいのは、太陽の光をくまなくキャッチするため。つるつるした表面の下には「柵状細胞」がぎっしりつまっており、小さな発電所の役目を果たしている。ひとつひとつの細胞には、**葉緑体**が何十個と入っている。緑色の太陽光電池のようなものだ。

2 水を運ぶ

ほとんどの植物は、水がなければ死んでしまう。水は植物の細胞を新鮮に保つだけではなく、植物の主要な食べ物でもあるんだ。植物は土の中の水分を根から吸い上げ、**道管**を通して葉に送っている。

3 気体を運ぶ

2番目に大切な材料は大気中の二酸化炭素で、葉の裏にある**気孔**という穴から取り込まれる。気孔には必ず、**孔辺細胞**が2つ1組でついており、必要なときだけ気孔を開く。

4 小さな緑の発電機

毎日太陽がのぼると、葉緑体が活動を開始する。葉緑体の中には、パンケーキを重ねたような形の、光合成で重要なはたらきをするチラコイドがある。植物が緑色なのは、チラコイドの中に**葉緑素**という特別な色素（色のついた物質）があるからなんだ。

5 太陽にパワーをもらう

葉に届いた日光は、葉緑体の中に流れ込み、葉緑素にエネルギーを与える。葉緑素は、水を水素と酸素に分解する。

土の中ではなにが起きている？

きみの足元の土はただの土ではない。小さな生き物や植物や微生物の王国だ。生き物であふれた土の世界で作物や動物が育ち、さらにそれを人間が食べているんだ。

どろどろ

岩石が崩れて砂と粘土になり、そこに入り込んだ動植物が死んで、その残がいが腐り、やがて黒くべたついた腐植土ができる。こうしてはじめて土になるんだよ。

土の層位

土の粒のあいだの、わずかなすき間に空気と水が入り、バクテリアや藻類や菌類のすみかになる。土ができるまでには1万年。長い時間をかけ、土の中には層位とよばれるさまざまな層ができてゆく。いちばん上の層は、もっとも有機物に富んでいる。

地表：腐った植物で薄くおおわれている

表土（A層）：腐植土とミネラルをふんだんに含む

下層土（B層）：腐植土は少ないが、ミネラルがたくさん流れ込んでいる

土の中の生き物

土の中には、何兆もの生き物が住んでおり、混ざり合って土を栄養豊かにしている。微生物や菌類、アリ、シロアリ、ミミズ、げっ歯類、そして植物ももちろん土の中の生き物だ。

これらの生き物はネットワーク状につながっており、ある栄養段階にいる生き物が、ひとつ下の栄養段階にいる生き物をエサにして生きている。栄養段階のいちばん下にいるのが植物で、空気と水と日光で光合成をし、栄養分をつくり出している。

① 植物の葉、茎、根、そして藻類や地衣類は、太陽を利用して自分が取り入れる栄養分をつくり出す。

② バクテリア、菌類、線虫類などの分解者が、枯れた植物を分解する。

③ 虫、線虫類、ミミズなどが、枯れた植物を細かくきざんで食べる。

④ ③の生物を、ダニやムカデなどの小さな捕食者や大きな線虫類が食べる。

⑤ ④の生物を、げっ歯類（リスやネズミなど）、モグラ、鳥などの大きな捕食者が食べる。

動物が落ち着いて暮らせる場所は?

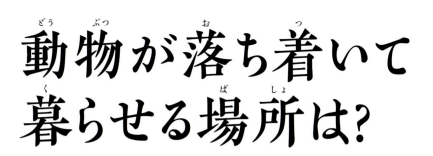

動物や植物には、それぞれの生き物がもっとも落ち着いて暮らせる特別な場所、「生息地」がある。環境に適応して仲良く暮らす生き物の「ファミリー」にとって、生息地はまさに家といえる場所だ。

温帯林
湿気の多い温帯地域では、夏になると森がよく茂る。しかし、冬になると水は凍り、木々は葉を落とす。この地域の生き物は、夏には元気だが、厳しい冬には冬眠したり、ほかの場所に移動したりするものが多い。

温帯草原
雨が少なく木が育たない場所には、ステップやプレーリーなどの大草原が広がり、強い風が吹いている。バッファローは大きな群れをなしてさまよい、げっ歯類や昆虫は、地中に穴を掘って身を守っている。

熱帯多雨林
高温多湿の地域では、森の木々がうっそうと茂っている。熱帯多雨林は多様な動物のすみかだ。両生類、ハ虫類、哺乳類、鳥類、昆虫など、地球上でいちばんたくさん生き物が暮らしている。しかし今は、森林の木々が人間に切り倒されつつあるんだ。

気候と生息地
どの生息地にもそれぞれの特徴があるが、生き物にとってまず重要なのは、そこが暑いか寒いか、雨が多いか少ないかだ。地球は温度や湿度によって大きな8つの「バイオーム」に分かれる。このページで紹介する「温帯林」、「熱帯多雨林」、「ツンドラ」などがそれだ。

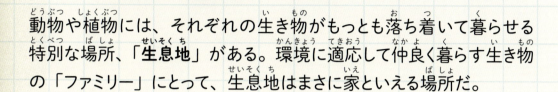

生命はどのようにはじまり進化したの?

けもの、虫、バクテリア、人間──ぼくらはみんなファミリーだ。大昔、地球上では、化学物質の入った小さな袋、「細胞」が唯一の生き物だった。やがて細胞が半分に分裂し、新たな細胞をつくった。あらゆる生き物はそうやってつくられてきた。生命は生命から生まれているんだね。

③ 生命の樹

LUCAの子孫は進化しながら大きな樹のように枝分かれしてゆき、新しい動植物が次々に出現した。今も地球上に存在するものもいれば、地球上での生命を終えて絶滅した(死にたえた)ものもいる。

藍色細菌（シアノバクテリア）
紅色細菌

古細菌

真核生物

バクテリア

① 最終(普遍)共通祖先

約35億年前、LUCAというちっぽけな細胞が海に浮かんでいた。LUCAとは、全生物の最終的な普遍共通祖先(Last Universal Common Ancestor)のこと。LUCAはひとつの細胞で終わらずに、ぼくたちみんなの祖先となった。LUCAの子孫たちは、地球と同じくらいの年齢だけ生命をつなぎ、これまでに生きたすべての動植物になったんだ！

LUCA

② 変化を起こす

まったく同じ生き物はこの世にいない。世代ごとにわずかな違いが生じる。細胞は変化して新しい形になるんだ。だから、ときがたてば海綿だって少し違った形質になる可能性がある。これを進化という。

生命の樹
35億年前に植樹

68

ツンドラ

バイオームの中で、もっとも寒いのがツンドラだ。あまりに寒いため木が育たず、草も成長しない。それでもホッキョクギツネ、カリブー、ハイイログマ、ホッキョクグマなどが、夏を最大限に利用して肥え太り、寒々とした冬をどうにかしのいでいる。

タイガ

寒い地域には広大な針葉樹林が広がり、一年中緑を保っている。タイガはいちばん大きなバイオーム。たいていがさびしい場所だけれど、ヘラジカ、クマ、オオカミ、ボブキャット、リスなどのすみかになっている。

温帯砂漠

熱帯の砂漠のように焼けるような暑さではないが、乾燥した厳しい場所だ。冬は凍えるような寒さで、猛吹雪になることもある。ゴビ砂漠には、ふかふかの毛をしたフタコブラクダ、ユキヒョウ、ワシなどがいるよ。

熱帯砂漠

砂漠ではほとんど雨が降らず、乾燥に強い植物しか育たない。動物は、長期間食物や水なしでも平気な、トカゲやラクダがどうにか暮らしている。アレチネズミ、トビネズミなどは、焼けるような暑さを避けて地中で生活する。

熱帯草原

1年の半分しか雨が降らない場所では、森が育たず広大な草原が広がっている。広々とした大草原では、バッファローなどが身を守るために大きな群れで行動している。チーターをしのぐ速さで駆けるレイヨウなどの敏しょうな動物もいる。

67

動物や植物はどのように共生しているの？

地球上には、動植物や微生物が力を合わせて生きている「生物共同体」が何十億とある。一滴の水くらいの共同体もあれば、海ほど大きな共同体もある。それらは**生態系**とよばれている。

① 最初は外から

生態系は、外からエネルギーと栄養分をもらわないとつづいてゆかない。燃料と食物が必要なんだ。生態系の住人は、たがいに作用し合い、エネルギーと栄養分をわかち合っている。エネルギーと化学物質を共有することで、生態系はまとまっている。

② 太陽のパワー

エネルギーはたいてい太陽からもらっている。日光が降りそそぐと、植物の葉がそれを受けて光合成をする（P62参照）。その植物を動物や微生物が食べる。こうして太陽エネルギーが生態系内で広く共有されるんだ。

③ 化学物質も食物

栄養分のもとになるのは、おもに空気と水。この2つがなければ生態系はつづかない。このほか、土の中にあるミネラルなどの無機物も栄養分になる。

④ 栄養段階

動植物と微生物はみんな、たがいを食べて生きている。食べたり食べられたりの連鎖には順序があり、科学者はそれを「**栄養段階**」とよんでいる。でも、食堂のフロアみたいに1階、2階とはっきり段階が分かれているわけではない。あらゆる方向に複雑なネットワークが広がった関係だ。このネットワークを**食物網**という。

熱と光

空気

用語集

この図鑑に出てくる難しいことばを説明しよう

亜熱帯
熱帯と温帯のあいだにある地域。気候はたいてい、とても乾燥している。

栄養段階
ある生き物が、食べたり食べられたりの連鎖（食物連鎖）の中で位置している段階のこと。

温室効果
特定の気体が、太陽熱を大気中に閉じこめること。

温帯
亜熱帯と両極地方のあいだにある地域。

温暖前線
暖気が寒気の上にのりかかっているところにできる、目に見えない暖気と寒気の境目。うっすらとした雲が広がり、長いあいだ雨が降る。

核（中心核）
地球の中心部。おもな成分は鉄。

核-マントル境界
地球の中心核とマントルの境目。

火山砕屑物
火山の噴火で粉々になった岩の破片のこと。

火成岩
地中の溶けた熱いマグマが冷えて固まった岩石。

貫入岩
溶けた熱いマグマが地表に噴き出さず、地中で冷えて固まった火成岩。

寒冷前線
冷たい空気が暖かい空気の下にもぐり込んだところにできる、目に見えない大気の境目。雲を高く立ちのぼらせ、強い雨を降らせる。

気孔
葉の裏側にある小さな穴。大気中の二酸化炭素を吸い込み、水分を蒸発させる。

夏至、冬至
夏至は1年のうち昼がもっとも長い日。冬至は昼がもっとも短い日。

圏谷
山が氷河に削られて、ひじかけ椅子のような形にくぼんだ部分。

光合成
植物の葉が、太陽光のエネルギー、水、二酸化炭素を使って糖をつくり、自分の栄養分にする作用。

孔辺細胞
葉の気孔を開いたり閉じたりする細胞。水分を逃がしたくないときは、気孔を閉じる。

さなぎ
幼虫から成虫に変わろうとするとき、一部の昆虫が経る段階のこと。

三角州
川が海に近づくとき、または河口にできる三角形の土地。

師管
植物の中でつくられた栄養分を植物全体に運んでゆく管。

地震
地面が激しく揺れる自然現象。

地震波
地震が起きたときに地中を伝わる揺れの波。

沈み込み
動いている巨大なプレートがほかのプレートの下にもぐり込むこと。

春分、秋分
世界中で、昼と夜の長さがそれぞれ12時間ずつになる日。春と秋にそれぞれ1日しか訪れない。

鍾乳石
石灰岩の洞窟で石灰分が堆積し、天井からつららのように垂れてきたもの。

消費者
ほかの生き物を食べる動物。

食物網
食べたり食べられたりする生き物どうしの、網目のように複雑な関係のこと。

震央
地震の発生源である地中の震源から、まっすぐ上にのばした地表の点。

進化
生き物が何世代もかけて少しずつ変化し、やがて新しい種が生まれること。

震源
地震がはじまる地中の点または場所。

生産者
おもに太陽光を利用し、自分で自分の食物をつくることのできる生き物。とくに植物。

生息地
自然界にある動物のすみか。

生態系
さまざまな生き物が、まわりの環境とともにつくり出す自然の共同体。

石筍
石灰岩の洞窟の地面に落ちた石灰分が沈殿し、筍のようになったもの。

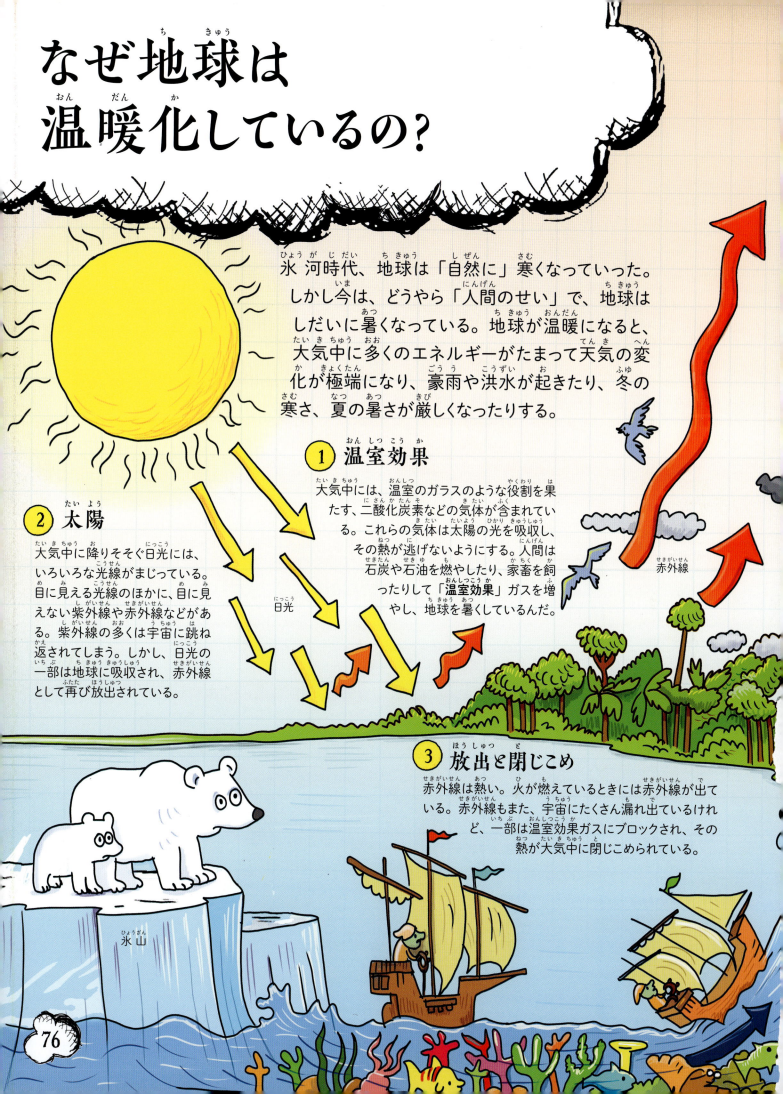

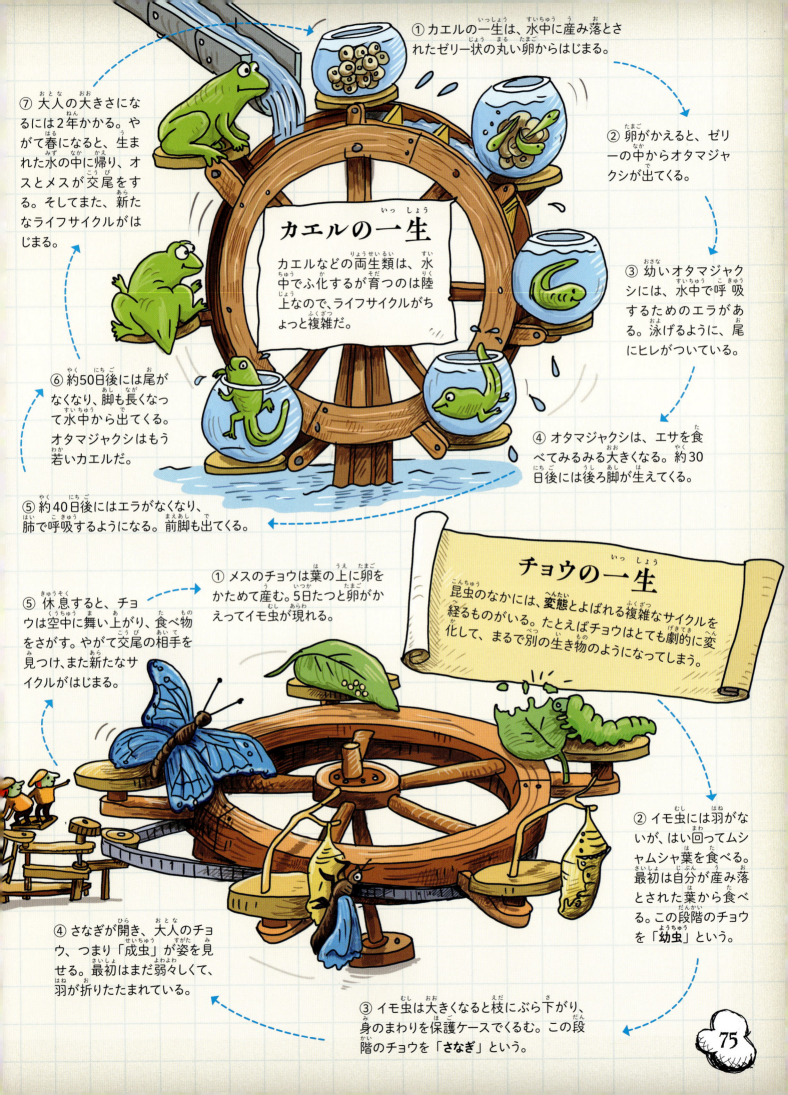

赤道
両極のあいだで、地球のまん中を地表に沿ってめぐる線。地球をまっぷたつに、つまり北半球と南半球に分けている。

節理
岩石に縦方向にまっすぐ入った割れ目。

堆積岩
川が運んできた砂などが積み重なり、固まってできた岩石。

高潮
ハリケーンや台風などの気圧の低下によって海面が盛り上がり高くなること。

地殻
地球をおおっている薄く硬い岩石の殻。

天頂
天球を動いている太陽が到達するいちばん高いところ。

道管
植物が根から吸い上げた水分やミネラルを、葉に運んでゆく管。

トランスフォーム断層
地球上で、2枚のプレートどうしが横ずれし、たがいに逆方向に動いているところ。

熱帯
赤道付近にある暑い地域。太陽は1年を通して、この地域を真上から照らしている。

バイオーム
砂漠や熱帯多雨林など、気候や生息している野生生物の種類によって区分された広大な自然地域のこと。

氾濫原
川の水があふれたあとに残ったシルトでできた平原。

風化
大気にさらされた岩石が、暑さ、寒さ、雨、天然の化学物質などのせいで、しだいに崩れてゆくこと。

フェレル循環
温帯地方で、大気が北から南、南から北へと縦方向に大きくめぐること。地球の自転の影響を受けて（コリオリの力）、風は東寄りに吹く。

プレート
地球のリソスフェアをつくっている巨大な岩石の板のこと。ゆっくりと動いている。

噴出岩
マグマが地表に噴出した火成岩。火山岩ともいう。

変成岩
極端な高温、高圧によって変化した岩石。

変態
昆虫などの生き物が、大人になろうとするときに起きる姿かたちの大変化。

マグマ
地表に噴き出す前、地球内部で溶けている熱い岩石のこと。

マントル
岩石でできた、地球内部の層。熱くて流動性をもっている。地殻と中心核のあいだにあり、厚さは約3000km。

モレーン
氷河の運んだ石、砂利、岩石のかけらなどが積み重なったもの。

溶岩
熱く溶けた岩石であるマグマが地表に噴き出たもの。

幼虫
昆虫などの子どもで、イモ虫のような形をしたもの。変態をして大人になる。

葉緑素
植物の葉の中にある緑色の色素（色のついた物質）で、光合成によって日光からエネルギーをもらうことを助ける。

葉緑体
葉緑素を含んだ緑色の細胞。葉の発電所のような役目を果たしている。

リソスフェア
地球の外側にある硬い岩石の層。プレートをつくっている。

さくいん

ア行
アーチ 43
浅瀬 31
アジア 17, 24, 26, 27
アフリカ 17, 26
雨 28, 34, 45, 47, 48-49, 50, 53, 55, 60
嵐 6, 43, 48, 52-55
アルプス山脈 27
アンデス山脈 27
一次消費者 73
一次生産者 73
稲妻 45, 49
いわし雲 44
岩の棚 43
岩の淵 30
インド 17, 26, 27
インド洋 41, 52
引力 8, 9
うねり 42
海 16, 17, 18, 40-41, 42-43, 46, 57, 77
永久凍土 7
衛星 8, 9
栄養段階 72, 73
栄養分 61, 65, 72
エネルギー 72, 73, 76
エベレスト山 27
大雨 50, 56, 57, 60, 77
オーストラリア 17
温室効果ガス 76, 77
温帯 56, 57, 58, 66
温暖前線 48
温度 15

カ行
海王星 9
海溝 19
崖錐 28
海水の流れ 40, 41
カイパー・ベルト 9
海面の上昇 77
カエル 75
影 10, 11
崖 43
河口 31
火砕流 22
火山 16, 19, 20-21, 26, 36
風 42, 48-49, 50-55
火星 8

火成岩 36
雷 45, 49, 56
川 29, 30-31, 47, 55
岩石 14, 18, 20, 27, 28, 29, 33, 34, 35, 36-37, 64
岩石サイクル 36-38
寒帯前線 48
環太平洋火山帯 20
カンブリア爆発 69
環流 41
寒冷前線 48, 49
気圧 48, 54
気温 56, 77
気孔 62, 63
気候の変化 76-77
季節 58-59
北アメリカ 17
急流 30
凝結 46
峡谷 35
恐竜 16, 17, 71
極地、極地方 7, 10, 50-51, 57, 58
金星 8
菌類 64, 65, 69, 73
雲 44-45, 47, 48, 50, 53, 56
グリーンランド 7, 40
夏至 58, 59
月相 12-13
巻雲 44-45, 48
圏谷 33
巻層雲 44, 48
光合成 62-63, 64, 65, 72
向斜 27
洪水 55, 76
高積雲 44
高層雲 44, 48
氷 7, 32-33, 44, 47
呼吸 63, 65
ゴンドワナ大陸 16

サ行
最終（普遍）共通祖先 68
細胞の分裂 68
砂漠 37, 50, 67
三角州 31
サンゴ礁 77
三次消費者 73
酸素 6, 7, 62, 63

紫外線 76
地震 18, 24-25, 26
地震計 25
地震波 24, 25
地すべり 29
沈み込み帯 19
自然選択 71
弱酸性の雨 34
しゅう曲山脈 27
春分、秋分 58-59
鍾乳石 35
蒸発 46, 47
蒸（発）散 46
小惑星 8
小惑星帯 8
植物 47, 58, 59, 60-63, 64, 65, 66, 70, 72-73
食物網 72-73
支流 29
シルト 30, 31
震央 24
進化 68-69
真核生物 68, 70
震源 24
侵食 28, 30, 31
水圏 6
吸い込み穴 34, 35
水蒸気 44, 46, 47, 52
水星 8, 9
水素 9, 62, 63
水流 34, 47
ステップ 66
砂 29, 37, 64
生息地 66-67
生態系 72-73
生物圏 7
積雲 45, 49
赤外線 76
石筍 34, 35
赤道 10, 50, 51
積乱雲 45
石灰岩 34
雪氷圏 7
層雲 45
草原 66, 67
草食動物 73
層積雲 49

タ行
タイガ 67
大気 7, 44, 45
大気の汚染 77
大西洋 17, 40, 52
堆積岩 37
堆積物 30, 37
太平洋 18, 20, 24, 41, 52
太平洋プレート 18
太陽 8, 9, 10, 11, 12, 46, 47, 56, 57, 58, 59, 62, 72, 76

太陽系 8, 9
大陸 16-17, 18, 26, 27
大陸の移動 16-17, 26
対流圏 45
大量絶滅 71
多雨林 60-61, 66
高潮 54
滝 30, 33
蛇行 29, 31
谷 28, 29, 30, 33, 43
地殻 14, 18, 38
地球の年齢 6
地圏 6
窒素 7, 65
着生植物 61
チョウ 75
月 12-13
土 61, 62, 64-65, 72
ツンドラ 67
低気圧 48
テチス海 16
天王星 9
洞窟 34-35
冬至 58
動物 58, 60-61, 64, 66-67, 69-75
冬眠 58, 66
土星 9
トランスフォーム断層 18, 24
鳥 60, 74

ナ行
ナイフの刃状の尾根 33
なだれ 23, 25
波（海） 42-43, 55
南極 7, 41
二酸化炭素 7, 21, 34, 62, 63, 65, 76, 77
二次消費者 73
熱帯 50, 51, 56, 66

ハ行
バイオーム 66, 67
背斜 27
バクテリア 64, 65, 69, 73
ハドレー循環 50, 51
離れ岩 43
浜辺 43
ハリケーン 52-55
ハリケーンの目 54
パンゲア 16
パンサラサ海 16
氾濫原 31
ヒマラヤ山脈 26, 27
氷河 7, 28, 32-33, 47
氷河時代 32, 76, 77
氷床 6, 7, 77
微量ガス 7
微量元素 6
昼と夜 10-11, 56, 57,

58, 59
風化 28
フェレル循環 51
腐植土 64
プレート 15, 18, 19, 24, 26
プレーリー 66
分解 64, 73
変成岩 38
変態 75
貿易風 50, 51, 52
暴風雨 48-49
洞穴 43

マ行
マグマ 14, 20, 36, 37
マリアナ海溝 19
マントル 14
マントルプルーム 15
岬 43
水 6, 28, 34, 35, 40-43, 46-47, 62
モーメント・マグニチュード・スケール 25
木星 9
モホ面 14
モレーン 33

ヤ行
山 19, 26-27, 28, 29, 30, 32, 37
雪 7, 32, 44, 47
溶岩 20, 36
葉緑素 62
葉緑体 62
ヨーロッパ 17, 24, 32

ラ行
ライフサイクル 74-75
乱層雲 45, 48
リソスフェア 14, 15, 18
リヒター・スケール 25
リフト 18
レインバンド 53
ローラシア大陸 16
ロッキー山脈 27

ワ行
惑星 8, 9
湾 43